KB199053

새를
그리는
사람

이우만

새를
그리는
사람

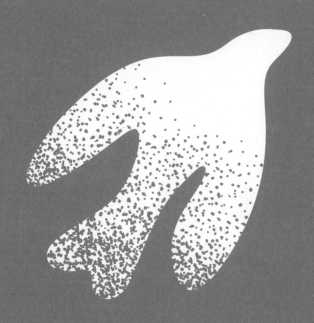

가지
GAZI
BOOK

일상이
탐조

카메라 가방을 메고 아파트 현관을 나선다. 평소보다
조금 늦은 시간이라 서두르는 걸음을 낯익은 새소리가
멈춰 세운다.

도심 속 작은 산과 가까운 아파트 단지 안에는 준공에
딱 필요한 정도로 짐작되는 만큼의 나무가 심어져 있다.
그나마도 때마다 막무가내로 가지치기를 당한 나무들은
본래 수형을 잃고 머리를 산발한 듯 기괴한 모습이다.
생명으로 존중하지 않고 구차하게 연명만 시키는 것
같아 지켜보기 미안할 정도다. 그래도 나무는 때가 되면
상처 입은 몸에서 새 가지를 내밀어 잎을 틔우고 햇빛을

받아들인다. 그 양분으로 꽃을 피우고 열매를 맺으며
주어진 삶을 충실히 살아간다. 그런 나무의 마음을 아는
것인지, 새들은 날아와 상처 입은 가지들 사이로 정성껏
둥지를 만들어 소중한 생명을 키워 낸다.

잎이 다 떨어지고 난 겨울, 늘 지나던 길가 나뭇가지
사이로 쓸모를 마치고 허물어져 가는 둥지를 발견한 적이
있다. 나는 그 앞에 가만히 서서 대략 한 달 정도의 시간
동안 천적들에게 들킬세라 조바심치며 알을 품고 새끼에게
먹이를 물어 날랐을 어미 새의 간절함을 헤아려 보았다.
나무는 분명 새로운 생명을 키워 내는 데 일조한 것에
뿌듯함을 느꼈을 것이다.

이른 아침, 아파트 현관을 나서자마자 쌀쌀한 공기에
빨라지는 발걸음을 멈춰 세운 건 겨울철새인 상모솔새였다.
'머리카락으로 콕 찌르는 것 같은' 상모솔새 소리는 언뜻
들으면 비슷한 크기의 진박새 소리를 닮았다. 겨우내
들으며 두 소리의 차이를 구분할 수 있게 될 즈음이면 봄이
오고 소리의 주인공들은 곁을 떠난다. 애써 쌓은 경험치는
금세 초기화되겠지만 새들이 다시 찾아오기만 한다면
머릿속 어딘가에 새겨졌던 기억이 되살아날 것이다.

놀라운 것은 우리나라를 찾는 새 중에 가장 작은
상모솔새가 내는 그 여린 소리가 아파트 바로 옆 도로에서
들려오는 자동차 소음과 택배 트럭의 덜덜거리는 엔진음,
경비 아저씨와 안부를 나누는 이웃 아주머니의 까랑까랑한
음성과, 열린 창틈으로 새어 나오는 어느 집 청소기
소리까지 다 뚫고서 내 귀에 전달된다는 것이다. 쌀쌀한
날씨에도 귀를 덮는 모자나 귀마개를 하지 못하는 이유가
여기에 있다.

새를 관찰한다고 하면 대개는 눈에 쌍안경을 가져다
대고 이리저리 찾는 장면을 상상하겠지만 새의 존재를
눈보다 소리로 먼저 알아차리는 경우가 훨씬 많다.
새소리를 어느 정도 구분할 수 있게 되면 쌍안경 같은
장비 없이도 새를 만나는 것이 가능해진다. 일상뿐 아니라
여행 중에도 새를 보기 위해 일행을 기다리게 하거나 멈춰
설 필요가 없다. 천천히 걸으며 눈으로는 낯선 풍경을
감상하면서도 들려오는 새소리로 '아, 그 새가 여기에
있구나!' 하고 알 수 있기 때문이다.

소리로 자기 존재를 알려준 상모솔새는 열매가 없는
꽃사과나무를 스쳐 주목나무를 지나 회양목 울타리로

숨어들었다. 땅이 들썩이는 것으로 그 속에서 지렁이를
쫓는 두더지의 존재를 알 수 있듯, 회양목 잎의 떨림이
그 속에 숨어든 작은 새의 위치를 알려 준다. 한참 만에
회양목에서 얼굴을 쏙 내밀고 주위를 살피던 상모솔새는
이내 바로 옆 높은 소나무 가지로 날아간다. 조심스러운
걸음으로 징검다리를 건너듯 이 나무 저 나무를 지나 최종
목적지인 소나무로 가서는 경쾌한 날갯짓을 시작한다.
아마도 너무 작아서 눈에 잘 보이지도 않는 진딧물이나
톡토기, 솔잎에 붙은 곤충알 같은 동물성 먹이를 열심히
찾아 먹고 있을 것이다.

　아파트 관리사무소에선 저렇게 부지런히 나무 관리를
해 주는 작은 정원사들에게 최저임금이라도 지급해야
하지 않을까? 근로계약을 맺는 게 어렵다면 새들이 몸을
담그고 깃털을 씻을 목욕탕 하나쯤 마련해 주는 것도 좋을
것이다. 새를 위한 목욕탕은 큰 공사가 필요 없다. 그저
화분 받침이나 장독 뚜껑을 뒤집어 물을 담아 놓는 것으로
충분하다.

　이런저런 생각을 하며 높은 소나무 가지에서
부산스럽게 움직이는 상모솔새를 한참 바라보다가

뻐근해진 목을 살살 돌리며 아파트를 나선다. 좁은
골목길을 지나면서도 내 눈과 귀는 새들의 흔적을 찾느라
쉴 틈이 없다. 창살이 달린 어느 빌라 2층 창문에는
어치가 물어 나른 둥지 재료들이 걸쳐져 있다. 며칠 전부터
보였는데 나뭇가지 수에 변화가 없는 걸로 보아 둥지
짓기를 포기한 모양이다. 이유가 뭘까? 잠깐 탐정이 되어
추리해 본다. 딴엔 안전해 보이던 창문이 드르륵 열리며
집주인과 딱 마주쳤을 수도 있고, 자신이 나뭇가지를
물어 나르는 모습을 까치나 큰부리까마귀가 지켜본다는
걸 알아챘을 수도 있다. 이유가 무엇이건 늘 오가는
골목길에서 좋은 구경 기회를 놓친 나로선 어치의 선택이
아쉽다.

　　단독주택 지붕에선 십여 마리의 참새들이 몸을
바싹 붙이고 앉아 수다를 떨고 있다. 매일 떠는 저 수다
속엔 혹시 내 이야기도 있을까? 내가 그들을 보듯
어제도 그제도 나를 보았을 테니 말이다. 산비탈 제방에
설치된 울타리 사이로는 숲 바닥을 뒤지며 먹이를 찾는
노랑턱멧새가 보인다. 사람들이 가을에 출입하기도 어려운
곳에 들어가 그렇게 열심히 풀을 베지만 않았어도 아직
새들이 먹을 씨앗이 충분할 텐데, 그랬다면 학교에 오가는

아이들이나 골목을 지나는 누구라도 풀씨를 오물거리는 새들과 눈을 마주칠 수 있었을 텐데…. 애써 풀을 베어 낼 때는 그런 사랑스러운 모습을 마주할 기회를 없앨 만큼의 타당한 이유가 있어야 한다고 생각한다.

"끼룩~ 끼루룩."

반가운 소리에 하늘을 올려다본다. 이제 고향으로 돌아갈 채비를 마친 기러기들이 높은 빌딩 사이로 미끄러지듯 날아간다. 버스가 줄지어 다니는 왕복 6차선 도롯가에는 키 큰 메타세쿼이아 가로수 위에서 씨앗을 먹으러 날아온 쇠박새가 기분 좋게 지저귀고 있다. 자동차 소음으로 가득한 도시에서 쇠박새 소리를 알아챘다는 사실만으로 마음이 뿌듯해진다. 마치 어린 시절 한 번도 찾지 못한 소풍날 보물쪽지를 이제야 발견한 기분이다.

천천히 새들의 흔적을 새기며 골목을 걷다 보면 슬슬 가파른 오르막길이 시작된다. 아마도 꽤 오래전엔 숲 가장자리였을 이곳에 지금은 나무 대신 집들이 빽빽하게 들어차 있다. 더 이상 확장될 수 없을 정도로 포화상태인 도시는 막히지 않은 하늘로 키를 키웠다. 감나무 한 그루 품고 배고픈 새들을 불러 모으던 단독주택들은 하나둘

허물어지고 그 자리엔 높이만큼이나 긴 그림자를 드리우는
빌라나 오피스텔이 들어섰다. 듬성듬성 도시에 난 숨구멍
같던 작은 흙마당들은 죄다 콘크리트로 덮여 버리고,
계절마다 아름답게 바뀌던 부드러운 뒷산의 능선은 직각의
콘크리트 건물들에 가려 잘 보이지 않는다. 낮은 곳에서도
누구나 볼 수 있었던 우리들의 뒷산 풍경은 이제 고층 건물
꼭대기에 사는 이들만 볼 수 있는 특별한 '뷰view'가 되었다.

직선거리로 가파르게 오르는 지름길을 외면하고 살짝
돌아 숲으로 이어지는 골목길로 향한다. 허름한 빌라 두
채 사이로 들어서는 순간, 커튼을 열어젖히듯 숲이 온전한
모습을 드러낸다. 건물이 풍경뿐만 아니라 소리까지 막고
있었던 것인지, 아니면 시야가 트이며 내 다른 감각들까지
살아난 것인지, 온갖 새소리가 풍경과 함께 터져 나온다.
판타지 영화에서 벽장이나 큰 바위 틈새로 걸어 들어가
다른 세상으로 이동하는 것처럼 뒷산으로 통하는 비밀
통로를 지난 느낌이다.

여유가 있는 날은 많은 새소리에 귀를 기울여 가며 산
여기저기를 휘휘 돌아 점심때가 훌쩍 지나서야 작업실로
들어간다. 급하게 해야 할 일이 있을 땐 숲을 가로질러

아주 짧은 산책을 하지만 '대충 둘러보고 얼른 가야지'
마음먹는다고 해서 늘 계획대로 되는 건 아니다. 유난히
새들이 나를 불러 세우는 날이 있다. 사랑스러운 소리와
앙증맞은 날갯짓, 궁금증을 불러일으키는 행동에 이끌려
다니다 보면 어느새 계획한 시간을 넘기기 일쑤다. 그런
날은 숙성시킨 시간을 값으로 쳐 주는 상품들처럼 새를
보는 시간도 내 그림값에 포함해 주면 좋겠다는 생각을
한다. 새를 많이 만날수록 그림은 분명 좋아질 텐데 컴퓨터
게임에서 에너지가 채워지듯 그 시간들을 계량화할 수
없다는 게 늘 아쉽다.

　숲에서 새들을 만나고 조금만 걸어 내려오면 산이
끝나는 곳에 오래되고 낡은 빌라가 보인다. 뒷산에
사는 새들을 만나는 베이스캠프이자 그림을 그리는 내
작업실이다.
　현관 계단을 오르며 작은 화단에 심어진 향나무를 슬쩍
살핀다. 어느 겨울 먹이를 찾느라 정신이 팔린 진박새를
이 향나무에서 만났었다. 손을 뻗으면 까만 머릿깃을

쓰다듬을 수 있을 정도로 가까운 거리였다. 어떤 생명체가
다른 존재를 알아차리지도 못하고 제 할 일에만 몰두해
있는 것을 코앞에서 지켜본 일이 있는가? 그것은 말로
설명하기 힘들 만큼 벅차고 기분 좋은 경험인데, 마치 내가
그를 둘러싼 자연의 온전한 일부로 받아들여진 것 같은
느낌을 준다.

　　겨울이 끝나갈 무렵엔 이 향나무 안쪽에서 혹시나
오목눈이가 둥지를 만들지는 않았는지 이리저리
살펴보기도 한다. 사람들이 수시로 드나드는 빌라
입구에서 무슨 새 둥지 타령이냐고 할지 모르지만 새들은
생각보다 우리 가까이에 산다. 몇 년 전엔 작업실 현관 바로
옆에 있는 이웃집 창문에서 어치가 번식을 했었다. 떠나는
날이 되어서야 겨우 발견한 걸 아쉬워했지만 내가 사는 곳
바로 옆에서 어치가 새끼들을 키워 냈다는 사실에 가슴이
벅찼다.

　　자, 이제 내가 매일 아침에 하는 일과 하나가 끝났다.
계단을 올라 낡은 철제 현관문을 열면 소박하고 익숙한
공간이 나를 반긴다.

새가
마음에
들어온
날

    대학에서 미술을 전공한 나는 비교적 일찍 집을 떠나
작업실 생활을 했다. 밤늦게까지 그림을 그린다는 핑계로
학교 주변에 있는 동기나 선배들의 작업실에 빌붙기도
했고, 군대를 다녀와선 생활이 가능한 작업실을 얻어
반자취 생활을 했다. 작업 공간이자 연애 공간이었던
작업실이 결혼 후 신혼집으로 탈바꿈하고 얼마간은
집과 작업실의 구분이 모호한 적도 있었다. 그때부터
주로 책에 들어가는 삽화 작업을 했기 때문에 중간 크기
방 하나면 작업 공간으로 충분했다. 그러다 아이가
태어나고 살림살이가 늘어나니 작업을 위해 분리된 공간이

필요해졌다. 내 인생에 '새'라는 존재가 날아와 자리를 잡은
것도 그즈음이었다.

`

작업실과 내 일에 관한 이야기를 하기 전에 새와 나의
인연에 대해 들려주는 게 좋을 것 같다.

내가 새를 좋아하고 관찰한다고 하면 어릴 적부터
자연과 밀접한 관계를 맺고 살아온 사람이라고 오해하는
경향이 있다. 실제로 주변에서 새와 관련된 직업이나 취미를
가진 사람들을 보면 어릴 적부터 새와 다양한 인연을 쌓은
경우가 많다. 예를 들어 집에서 새를 키웠다거나 다친 새를
데려다 돌봐 준 일이 있다거나, 혹은 어릴 때 나무 위 새
둥지에서 알을 훔치거나 새끼를 꺼내다 키워 봤다는 무용담
같은 것 말이다.

지금 생각하면 나는 도시에서만 자란 것도 아니고
새가 아주 많았을 환경에서 오랜 시간을 보냈음에도
이상하리만치 새와 인연이 없었다. 굳이 기억을
끄집어내자면 시골 할머니 댁 마당에서 소쿠리를
나뭇가지에 걸쳐 세우고 그 안에 쌀알을 뿌려 참새를

잡아 보려 애썼던 일 정도다. 대학에 들어가고 군 생활을
DMZ에서 오래 했음에도 역시나 새와 접점이 없었다.
바람이 심하게 불던 날 보급로를 따라 차를 타고
이동하다가 철조망에 목이 껴 죽은 장끼를 발견하곤 신이
나서 들고 왔던 중대행정관의 모습이 어렴풋이 떠오를
뿐이다.

　　군 복무를 마치고 다니던 미술대학에 복학한 나는
우연한 기회에 조교실을 통해 책에 들어갈 그림을 그리는
아르바이트를 하게 되었다. 텍스트를 이해하고 독자가
그 내용을 잘 이해할 수 있도록 삽화를 그리는 작업은
내게 잘 맞았다. 편집자들의 생각도 같았는지 일이 꼬리에
꼬리를 물고 이어졌다. 당시만 해도 순수하게 그림만
그려서 먹고살 정도의 미술 시장이 존재하지 않았고 무언가
간절하게 그림으로 표현하고 싶은 것도 없었던 터라 졸업
후 자연스럽게 일러스트레이터를 직업으로 삼게 되었다.
단행본과 잡지, 사보 등 다양한 매체에 그림을 그렸고
벌이도 꽤 괜찮았다. 그러던 중 우연히 《바보 이반의
산 이야기》(최성현 저, 2003년)라는 생태 에세이에 들어갈
그림을 그리게 되었는데 그릴 대상이 전부 풀, 나무, 곤충,

새 같은 자연 속 생명체였다. 자료를 구하고 그것과 닮게
그리는 것은 익숙한 일이었기에 이전 작업들과 별반 다르지
않겠거니 쉽게 생각하고 일을 받았다. 그런데 그 한 번의
선택이 내 인생의 방향을 바꾸는 일대 전환점이 된다.

　책의 저자는 나를 자신이 살고 있는 산골 오두막으로
초대해 집 둘레에 자라는 풀과 나무, 거기에 기대어
살아가는 생명붙이들에 대해 알려 주었다. 저자가 서울로
올 때면 고궁이나 도심 공원을 함께 산책하며 거기서
살아가는 동식물을 취재했다. 저자가 사는 시골이야
다양한 생물이 이웃해 살아가는 모습이 당연해 보였지만
내가 사는 도시에서도 많은 생물을 볼 수 있다는 사실에
적잖이 충격을 받았다. 마치 TV에서 유명한 맛집이
소개되는 걸 보았는데 그 집이 바로 우리 동네에 있다는 걸
알게 된 기분이랄까? 어떻게 그런 소중한 존재들을 전혀
모른 채 살아온 걸까, 미안하기도 하고 왜 그동안 아무도
내게 그들에 관해 말해 주지 않았는지 원망하는 마음마저
들었다.

　그림을 다 그리고 책이 나올 때까지는 꽤 오랜 시간이
걸렸다. 일은 끝났지만 자연 속 생명체들에 대한 나의
관심은 계속되었다. 방법은 막연해도 나처럼 자연과 생명에

무관심하게 살아가는 사람들, 특히나 어린아이들에게 그 존재를 알리는 일을 해야겠다고 어렴풋이 마음먹었다. 그 책을 만들며 내가 경험한 것은 마치 영화 <매트릭스>에서 주인공 네오가 모피어스에게 빨간색 약을 받아먹는 상황과 비슷했다. 살아오면서 전혀 인지하지 못하고 있던 정말 중요한 것을 깨닫게 되면서 세상을 판단하는 가치와 삶의 지향점이 완전히 달라졌다.

사람들에게 알리고 싶은 수많은 생물 중에 특히 새에 관심이 갔다. 식물은 비슷비슷한 종류가 너무 많아 엄두가 나지 않았고 이미 많은 사람이 관심을 두고 있었다. 곤충은 너무 작기도 하고 한겨울엔 보기 힘들다는 점이 아쉬웠다. 포유류는 대부분 야행성인 데다 워낙 조심성이 많아 자연에서 야생 개체를 만나기가 쉽지 않았다. 가볍게 관찰을 시작하기엔 새가 적당한 대상 같았다.

비슷한 일을 하던 대학 동기가 출판사에서 빌려 온 필드스코프로 청둥오리 수컷을 본 것이 확실한 계기가 되었다. 청둥오리는 어릴 적 즐겨 보던 디즈니 만화에도 등장하는 캐릭터 중 하나로 누구에게나 익숙한 새다. 그런데 필드스코프를 통해 가깝게 들여다보니 완전히 다른

존재로 다가왔다. 암전된 무대에서 스포트라이트를 받는
주인공처럼 작은 원 속에 클로즈업된 청둥오리의 모습은
깃털이 태양처럼 찬란하게 빛나고 눈빛은 생명력으로 가득
차 있었다. 그렇게 내 마음속으로 떨궈진 '새'라는 존재는
시간이 지나도 옅어지지 않고 오히려 생각과 일상으로 점점
더 진하고 넓게 번져갔다.

　새에 흠뻑 매료되었지만 바로 관련된 일을 할 수 있었던
건 아니다. 그때만 해도 탐조探鳥(새를 관찰하는 것)라는
단어조차 생소할 만큼 우리나라에서 새를 관찰하는 사람이
많지 않았고 출판계에도 낯선 주제였다. 가끔 탐조 문화가
발달한 외국에서 출간된 책이 번역서로 나오기는 했지만
대부분 환경 도서였고 그마저도 인기를 끌지 못했다. 내가
생태 분야 중 무엇에 특별히 관심이 있는지 물어온 출판사
편집자에게 '새'라고 말했다가 그 주제의 책이 국내에서
팔리려면 국민소득 3만 불은 넘어야 할 거라는 얘길
들었다. 당시 우리나라 일인당 국민소득이 2만 불이 채 안
될 때였으니 쓸데없는 데 신경 쓰지 말고 맡긴 그림이나 잘
그려 달라는 소리였다.

　안 그래도 관심 있는 분야에만 몰두하기엔 한 가정의
경제를 책임져야 할 가장이 되었던 데다 이미 맡은 일만

해내기에도 벅찬 현실을 살고 있었다. 애써 가고 싶은
방향으로 한 걸음 걸어가면 내가 탄 현실의 배는 두세
걸음쯤 다른 방향으로 움직이는 듯했다. 남아돌아도
뭘 할지 몰라 소비했던 젊은 날의 시간이 그렇게 아까울
수 없었다. 좀 더 일찍 새라는 존재를 알았다면 얼마나
좋았을까? 후회해 봤자 소용없는 일이었다.

　일과 상관없이 짬을 내서 새를 보러 다니기는 했다.
당장 주어진 일과 관련 없는, 취미에 가까운 활동이었지만
같은 과 출신인 아내는 너그럽게 이해해 주었다. 그렇게
한참 시간이 지나 우연히 새를 주제로 책을 만들 기회가
왔다. 지금 생각하면 우연이 아니라 온통 새에게로만 향해
있던 내 마음이 스스로 만들어 낸 필연이었다는 생각이
든다. 다른 책 삽화 작업을 의뢰받아 방문한 출판사에서
내가 평소 관찰하는 작은 하천에 사는 새들에 관한
이야기를 나누게 되었고 흥미를 느낀 출판사에서 출간을
제안했다.
　새를 그리고 싶다는 마음만 있었지 글까지 쓰는 건
계획에 없던 일이라 선뜻 용기가 나지 않았지만, 출판사의
적극적인 권유로 출간 계약을 하게 되었다. 솔직히 책을

내고 싶은 마음보다는 그걸 핑계로 더 자주 새를 보러
다니고 싶은 마음이 계약을 부추겼던 것 같다. 탐조가
취미가 아니라 일감이라면 아내에게 덜 미안할 것 같다는
얄팍한 계산도 없지 않았다.

계약 후 4년이라는 긴 시간이 걸려 내가 처음 쓰고 그린
책 《창릉천에서 물총새를 만났어요》(2010년)가 나왔다.
제목에 새를 관찰하던 실제 하천의 명칭을 드러낸 이유가
있었는데, 다양한 생물이 터를 잡고 살아가는 자연이 멀리
떨어진 어떤 곳이 아니라 사람들이 많이 모여 사는 도시
가까이에 실재한다는 것을 강조하고 싶었기 때문이다. 책은
베스트셀러가 되진 않았지만 국제아동청소년도서협의회
한국지부(KBBY)에서 해외 일러스트 축제에 소개하는
출품작으로 선정되기도 했고, 무엇보다 새를 좋아하는
사람들과 생태 그림책에 관심이 있는 사람들에게 나를
공식적으로 알리는 계기가 되었다.

책 출간을 계기로 본격적인 탐조인의 삶을 살았다.
봄이면 서너 시간씩 배를 타고 서해에 있는 먼 섬에 갔고

봄가을로 도요들을 보러 갯벌을 찾았다. 여름엔 모기에
수도 없이 물려 가며 숲속을 헤맸고 겨울엔 동해안에서
매서운 바람을 견디며 바닷새들을 만났다. 관찰한 새의
종수가 늘어가고 헷갈리기 쉬운 새들을 점점 구분할 수
있게 되자 사람들 사이에서 내가 새를 잘 아는 사람으로
여겨졌다. 어쩌면 나 스스로도 그렇게 생각했는지 모른다.
관찰 기록이 드문 새를 만나는 것에 열광하며 내가 본 새의
종수를 늘려 나가는 데에만 온통 관심이 가 있던 시절이
있었다.

　그러다 탐조 인구가 늘어나면서 집 가까운 곳에서
만나기 쉬운 새들을 관찰해 개인 블로그나 온라인
커뮤니티에 올리는 사람들이 나타나기 시작했다. 처음엔
아주 쉬운 새 이름도 헷갈릴 정도로 새를 잘 알지 못하는
사람들이 어디서나 만나기 쉬운 새 이야기만 해서 대수롭지
않게 여겼지만, 흔한 새라도 가까이에서 자주 바라보며
행동과 습성을 관찰한 이야기가 점점 신선하고 흥미롭게
다가왔다. 한 번도 본 적 없는 새를 보기 위해 먼 길을
떠나고 생김새가 헷갈리는 새들을 잘 구분하는 것, 그게
새를 알아 가는 유일한 방법은 아니라는 생각이 들었다.
여러 번 만나고 사진을 잘 찍었다고 해서 그 새를 잘 안다고

할 수 있을까? 그보다는 주변에서 쉽게 만날 수 있는
새들을 더 자세히 알아보고 싶다는 마음이 생겼다.

　마침 살던 집 계약이 끝나 가고 있어 도심 속
산꼭대기에 있는 아파트를 얻어 이사를 갔다. 아내에겐
이전 집에 살 때는 없던 엘리베이터가 있다는 점을 강력하게
어필해서 얻어낸 결과였다.

마을에선
끝집,
숲에선
첫 집

 집 창문을 열면 새들이 지저귀고, 밥 먹고 난 뒤엔
가볍게 산책하며 무시로 새를 만날 수 있는 나만의 장소가
생겼다. 그곳을 '뒷산'이라 불렀다. 이름이 널리 알려진
높은 봉우리를 가진 산이 아니라 사람들이 사는 집과
마을을 오롯이 품어 주는 야트막한 산…. 처음엔 박새과
새들이나 운 좋으면 딱다구리 정도를 볼 수 있겠거니
생각했는데 섬에서도 만나기 어렵던 새들을 뒷산에서
만났다.
 집을 나서 작업실로 가야 하는데 '잠깐만' 하며
들른 뒷산에서 새들에게 발목이 잡혀 하루 종일 붙들려

있는 날이 많아졌다. 매일 만난 새들과 겪은 재미난 이야기를 혼자만 알고 있기는 아까워 블로그에 기록하기 시작했고, 생태 그림책을 만드는 출판사에서 관심을 보였다. 출판사에서 만드는 어린이 잡지에 매월 연재한 뒤 단행본으로 출간하자는 제안이었다.

그렇게 뒷산에 깃든 지 4년 만에 그곳에서 만난 새 관찰 이야기를 또 한 권의 책으로 묶어 냈다(출간 당시 제목은 《솔부엉이 아저씨가 들려주는 뒷산의 새 이야기》였고 2021년 개정증보판을 내며 《뒷산의 새 이야기》로 제목을 바꿨다). 지금 그 책을 다시 읽어 보면 뒷산을 관찰하며 내가 알게 된 이야기를 얼른 나누고 싶어 하는 조급함이 느껴진다. 야생의 감각을 잃어버리고 아주 가까운 자연과도 분리된 채 살아가는 사람들에게 우리가 있는 도시에도 이렇게나 다양한 새들이 함께 살아가고 있다는 걸 조금이라도 빨리 전하고 싶었던 것 같다.

`

뒷산에 관한 책이 나올 때쯤 다시 집을 이사하게 되면서 이제는 집 대신 작업실을 뒷산 쪽으로 옮기기로

마음먹었다. 집에서 작업실로 가는 출근길을 매일 새를
만나는 시간으로 바꾸면 생활에 훨씬 안정감이 생길 것
같았다. 그래서 목적에 맞는 '출근길이자 새 산책 코스'를
물색하다가 발견한 곳이 산과 도시의 딱 경계 지점에
있는, 지금의 작업실이다. 이 집을 처음 보았을 때 도시에
살면서 자연을 관찰하는 경계인으로 살아가는 내 처지와
비슷하다는 생각이 들었다.

처음 이곳에 들어섰을 때 가장 먼저 눈에 들어온 것은
거실 창가에 드리워진 나뭇가지에 매달려 있던, 붉은
홍시들이었다. 감나무 뒤로 버려진 공터에는 듬성듬성 노란
열매를 매단 탱자나무도 있었다. 이 계절에 감을 먹으러
날아올 새들과, 탱자나무 뾰족한 가시들 사이로 숨어들
작은 새들을 만나는 순간을 상상해 보았다.

그런 생각에 미치자 산꼭대기라 수압이 약하다거나
무언가 낡고 허름해서 생활이 불편할 수 있다는 것쯤은
계약을 망설일 만큼 중요한 조건이 아니었다. 마을버스도
다니지 않는 산꼭대기라는 불편함은 상대적으로 싼
집세라는 이점으로 보상받았다. 함께 작업실을 보러
간 친구가 "딱 너를 위한 곳이구먼." 하며 부추긴 것도
일사천리로 계약을 마치는 데 도움이 되었다.

오색딱다구리가 파도치듯 날아와 나무줄기에
양발로 척 들러붙듯이 내가 뒷산의 보드라운 품속으로
파고든 지도 어느덧 14년, 숲 자락에 작업실을 얻은 지는
10년이라는 시간이 지났다.

작업실을 얻자마자 지인에게서 받아 심었던 보리수
묘목은 뿌리를 잘 내려 가을이면 빨간 열매로 여행길에
지친 새들의 배를 채워 준다. 그 옆에 뒤집어 물을 부어 둔
장독 뚜껑은 온갖 새들이 갈증을 달래고 깃털을 깨끗이
씻는 옹달샘 역할을 한다.

작업실에서 그림을 그리다 낯선 새소리가 들리면
창가로 간다. 도심에서 만나기 힘든 진홍가슴을 작업실
창가에서 만나는 일은 그저 옅은 미소를 띨 정도의 소소한
일상이 되었다. 그토록 보고 싶어 찾아다닐 때는 끝내
보이지 않아 애를 태웠던 한국동박새를 처음 만난 것도
작업실 창밖 감나무에서였다.

한여름 늦은 밤까지 그림을 그리고 있으면 솔부엉이나
소쩍새가 얼른 나와서 자신을 찾아보라며 꼬드긴다.
늦여름 작업실 옥상에 올라가 보랏빛으로 물든 저녁
하늘을 휘저으며 사냥하는 파랑새나 새호리기를 구경하는
것도 이곳에서 누리는 즐거움 중 하나다. 숲 자락에 자리

잡은 작업실 덕분에 탐조는 여행처럼 특별한 것이 아닌 내
일상으로 자리 잡았다.

산책하다 주운 깃털.
오색딱다구리 첫째 날갯깃이다.
새는 대략 수천 개의 깃털을
몸에 지닌다.

이우만　　　　　　　　새를 그리는 사람

새의 흔적들로 가득 찬 작업실. 깃털,
먹이식물의 씨앗, 쓰다 버린 둥지, 그리고
지인들에게 선물로 받은 새 장식품이
곳곳에 놓여 있다.

1
2

1 새 산책을 하다 돌아와
카메라를 내려놓는
식탁.

2 붓끝이 뭉툭해져 더이상
쓸 수 없게 된 세필들.

조류
세밀화가라는
직업의
세계

　뒷산을 돌며 새들을 만나고 작업실에 들어오면 어깨에
메고 있던 카메라를 얼른 내려 식탁 위에 놓는다. 왜
굳이 식탁 위인가 하면, 온갖 잡동사니들로 복잡한 좁은
작업실에서 내가 오가며 건드릴 확률이 적은 곳 중에
현관에서 가장 가까운 곳이기 때문이다. 예전에 사용하던
장비에 비하면 무게가 반도 안 되게 줄었지만 그래도 몇
시간씩 들고 다니기엔 여전히 부담스러운 무게다. 나이가
들면서 팔 근육이 줄어드는 속도를 장비의 경량화가
따라잡지 못하는 게 영 못마땅하다. 어릴 적엔 2025년쯤
되면 바퀴 달린 자동차 대신 비행선을 타고 다닐 줄

알았는데 아직도 이렇게 무거운 장비를 몸에 지니고 다녀야
하다니…. 등에 진 카메라 가방과 목에 걸었던 쌍안경을
마저 내려놓고 나서야 "휘유~" 하고 홀가분하게 긴 숨을
뱉어 낸다.

　외투 지퍼를 내리며 창가로 간다. 창문 밖에 설치한
먹이대를 찾아온 새들이 놀랄까 봐 고개만 슬쩍 내밀고
어제 채워 둔 먹이가 얼마나 줄었는지 확인한다. 쇠박새
한 마리가 작은 부리로 해바라기씨를 물고 날아가는
것을 확인한 다음 살살 창문을 연다. 탱자나무 아래에서
흙목욕을 하던 참새들이 인기척에 놀라 후루룩 날아간다.

　먹이통에 해바라기씨를 다시 채우는 동안 참새들의
재잘거림이 스며든 찬 겨울 공기가 자연스레 작업실의 묵은
공기를 밀고 들어온다. 신선한 겨울 공기가 작업실에 가득
차면 창문을 닫고 커피포트 버튼을 누른다. 작업실 오는
길에 만난 새들을 담은 사진과 영상이 컴퓨터로 옮겨지는
동안, 원두를 갈아 드리퍼에 채우고 김이 모락모락 나는
뜨거운 물로 향 좋은 커피 한 잔을 내린다. 호로록 소리와
함께 따뜻한 커피 한 모금을 몸 안으로 들여보내면 추운
곳에서 한동안 경직됐던 몸이 노곤하게 풀어진다. 공간이
비좁아서였지만 작업실에 몸을 뉘일 만한 크기의 소파를

놓지 않는 건 탁월한 선택이었다.

커피를 홀짝이며 컴퓨터 앞에 앉아 사진과 영상을
정리하기 시작한다. 촬영한 영상 중 흥미로운 내용이 담긴
것은 바로 편집한다. 영상 편집이라고 말하지만 대단한
건 아니고 SNS에 올릴 정도로 분량과 음량을 조정하는
정도다. 영상은 SNS에 공유하거나 강연 때 사용할
목적으로 촬영하는데 새의 행동을 이해하는 데는 사진보다
유리한 면이 있다. 사진은 긴 글로 전후 사정을 설명해야 할
때가 많지만 영상은 그 자체로 내가 본 흥미로운 장면을
공유할 수 있다.

사진과 영상을 SNS에 올리는 건 자랑하기
위해서라기보다는 세상에서 고립되지 않고 소통하려는
내 나름의 노력이다. 관찰한 내용 중 흥미로운 글감을
고르고 촬영한 것을 자료 삼아 그림을 그려서 최종
결과물인 책으로 만들어 내는 과정은 엄청나게 오랜 시간이
걸린다. 직장 생활도 하지 않는 내게 책이 완성되기까지
관심 분야의 사람들과 일상적으로 소통할 수단이 있다는
것은 다행스러운 일이 아닐 수 없다. 일방적으로 내
것을 보여 주는 게 아니라 소통이라 표현하는 이유가

있다. 나와 SNS로 연결된 사람들은 비슷한 관심사를
지닌 아마추어부터 관련 분야의 내로라할 전문가들까지
다양하다. 그들은 댓글로 격려와 응원을 보내줄 뿐 아니라
내가 올린 내용의 오류를 고쳐 주기도 한다. 가끔은 미처
생각지 못했던 흥미로운 이야깃거리를 던져 주기도 해서
관찰한 현상을 다양한 관점으로 이해하는 데 도움이 된다.

　

자료를 정리하고 편집하는 과정에서 정작 나를
애먹이는 것은 엄청나게 많이 찍은 사진들인데, 그날그날
바로 정리하지 않으면 방치해 잡초로 뒤덮인 텃밭처럼
걷잡을 수 없어진다. 사진 정리는 우선 대충 훑어보며
쓸모없는 컷을 솎아 내는 것부터 시작한다. 사진 자체가
최종 결과물이라면 마음에 드는 컷을 제외한 나머지를 모두
삭제하면 간단할 것이다. 새에 초점이 맞지 않은 사진을
바라보며 한참 고민할 필요도 물론 없을 것이다. 하지만
내 경우엔 필요한 사진을 구분하는 기준이 조금 다르다.
새의 발에 초점이 맞은 사진, 꽁지깃에 초점이 맞은 사진은
눈에 초점이 맞은 사진보다 귀하게 대접받기도 한다. 가끔

갖고 있는 자료가 부족해 인터넷에서 찾아보기도 하는데 검색되는 것은 대부분 누가 봐도 잘 찍은 사진, 다시 말해 새의 눈에 정확히 초점이 맞은 사진들뿐이다. 심도가 얕은 망원렌즈로 촬영한 사진에서 새의 눈에 초점이 맞으면 꽁지깃이나 멀리 있는 발가락 같은 부분은 흐릿해지게 마련이다. 그러니 발과 꽁지깃 같은 신체 부위를 정확히 찍은 사진 자료를 다른 데서 구하기는 무척 어렵다.

심지어 새의 몸 어디에도 초점이 맞지 않은 사진을 버리지 않고 남겨둘 때도 있는데, 새가 앉은 나뭇가지나 이파리, 꽃이 선명하게 나온 경우다. 실제로 새가 앉은 배경(대부분 식물)에 관한 정보가 부족해 무척 마음에 들게 찍힌 장면을 그리지 못한 경우가 여러 번 있었다. 속 모르는 누군가는 새를 그대로 두고 배경만 바꿔서 그리면 되지 않느냐고 반문할지도 모른다. 그렇게 간단한 일이 아니다.

당신이 어떤 새 그림을 보았다고 치자. 그 그림의 배경이 된 식물에 잎이나 열매가 있다면 그 새가 발견되는 시기와 계절감이 맞아야 하고 새와 식물에 쏟아지는 빛의 방향이나 광량이 동일해야 한다. 나뭇가지 위치에 따라 잎이 난 방향도 어떤 규칙성을 띠므로 잎 하나를 다른 모양으로 바꾸면 전체를 다시 그려야 하는 경우도 종종

있다. 언젠가는 나무에 지의류를 그려 넣으려다가 그 새가
관찰되는 지역에서 지의류가 살 수 있는지, 내가 그린
나무에도 지의류가 붙어 있을 수 있는지를 알아보는 데 꽤
많은 시간을 들이기도 했다. 새가 나뭇가지에 앉아 있다면
나뭇가지의 굵기와 방향에 따라 그것을 잡고 있는 발가락
모양이 달라지고, 그 모양은 곧 새의 자세와도 연결된다.

　이런 고민 끝에 도달하는 결과는 대체로 두 가지다.
이런저런 요소들을 고려하며 사진 여러 장을 가까스로
조합해 원하는 그림을 그려 낼 수도 있고, 차라리 조금 더
취재해 자연스러운 자료를 구하는 게 낫겠다 싶어 탐내던
사진을 못 쓰는 경우도 있다. 그렇다고 사진을 다 버리지도
못한다. 언젠가 딱 맞는 조건의 퍼즐이 맞춰지면(예를 들어
새 사진에 딱 맞춤한 배경 사진을 얻는다든지, 배경에 딱 어울리는
구도의 새 사진을 다시 찍게 된다든지) 사용하게 될 수도 있기
때문이다. 늘 재빠르게 움직이는 새들을 그리고 싶다는
마음이 들 정도로 카메라에 잘 담는 행운은 쉽게 오지
않기에, 미련이 남은 사진들은 늦가을 떨어진 낙엽들처럼
외장하드에 켜켜이 쌓여 가게 마련이다.

여기까지 읽고 나면 내가 구체적으로 어떤 그림을
그리는 사람인지 짐작할 수 있을까? 취미로든 일로든
요즘 새를 그리는 사람이 많고 그림 스타일도 다양하지만
우리나라에서 나와 같은 그림을 그리는 사람은 손에 꼽을
정도다. 새에 비유하자면 멸종위기종쯤 되려나? 내가 그린
그림을 종종 '조류 세밀화'라 부르고, 그래서 내 직업을
'조류 세밀화가'라고들 말하지만 나는 그렇게 불리는 것을
좋아하지 않는다.

사실 처음 그렇게 불렸을 때는 정색하며 나는
세밀화가가 아니라고 대놓고 항변한 적도 있다. 이유는
사람들이 단어에 대해 갖고 있는 선입견 때문인데, 보통
세밀화라고 하면 아주 예리한 붓으로 대상의 매우 작은
요소들을 하나하나 섬세하게 표현한 그림을 떠올린다.
그림 기법만 놓고 보면 완전히 틀린 감상도 아닐지
모르지만 그 말에선 마치 누가 더 얇은 선을 균일하게 잘
그었는지가 더 나은 그림을 판단하는 기준이 되어야 할 것
같은 느낌을 준다.

나도 처음부터 그렇게 오랜 시간 자세하게 그리고
싶었던 건 아니다. 오히려 몇 번의 붓질로 대상의 고유한
특성을 표현할 수 있다면, 하고 지금도 바란다. 함축된

짧은 문장에 수많은 감정과 생각을 담아내는 시처럼 그림도 그렇게 그릴 수 있다면 얼마나 좋을까? 그럴 재주가 없는 나로서는 실제로 만난 새에게서 받은 인상이나 감정을 최대한 그대로 전달하고 싶은 생각에 붓질을 더해 갔고 결국 자세하게 그리게 되었을 뿐이다. 그게 무슨 차이냐고? 나에게 세밀한 묘사는 목적이 아니라 결과라는 말이다. 그리는 사람으로서 의도와 상관없이 본말이 전도되는 느낌의 평가를 받는 것엔 불만이 있다.

지금은 생각 끝에 생물 세밀화에 대한 내 나름의 정의를 내린 상태다. 사람들이 정밀한 표현 기법보다는, 대상을 정확하게 이해하고 그 생물종의 특성을 쉽게 이해할 수 있도록 도와주는 그림으로서 세밀화라는 단어를 사용하고 이해해 주면 좋겠다. 그렇다면 나를 '조류 세밀화가'로 부르는 것에 반대하지는 않을 것이다. 그리는 대상을 정확하게 이해하고 그리는 그림, 그게 내가 생각하는 생물 세밀화다.

2022. 2. 8
큰기러기

큰기러기.
먹이에 따라 다르게 진화한 새들의 부리는
많은 영감을 준다.

되새.
수첩에 펜으로 그린 후 수채화로 채색.

사진
촬영에
진심인
이유

촬영한 사진 자료를 정리하고 나면 그림을 그리기 위해
그동안 갈무리해 둔 자료를 둘러본다.

나는 평소 그려야 할 새들을 종별로 분류해 폴더를
만들고 사진과 영상 자료를 선별해 색깔별 태그를 붙여
놓는다. 당장 그릴 만한 사진 자료가 충분히 모여 있다고
판단하면 빨간색, 조금 부족하면 주황색, 많이 부족한 것은
노란색, 꼭 그리고 싶은데 자료가 전혀 없다면 보라색 같은
식이다.

처음 종별 폴더를 만들고 저장할 사진을 찾아
외장하드를 뒤적거렸을 때는 얼마나 당황했는지 모른다.

분명 내 머릿속에는 선명한 그날의 장면들이 왜 사진과
영상은 그렇게 흐릿하게 남아 있는 걸까. 갑작스런 새의
출현에 당황해 손이 흔들렸던 대범하지 못한 내 성격,
무거운 렌즈를 감당하지 못했던 부실한 몸, 성능이
부족했던 장비, 아지랑이 꾸물거렸던 날씨, 얄밉게도
재빨랐던 새, 그리고 그 모든 불안 요소를 증폭시킨 불운을
탓해야 한다.

사진 자료를 정리한 다음 폴더에 색깔 태그를 달아
놓으면 추가로 자료를 모아야 하는 종을 쉽게 구분할
수 있어 도움이 된다. 물론, 막상 그림을 그리려 가벼운
마음으로 빨간색 태그가 달린(사진 자료가 충분하다고 판단한)
폴더에 들어갔다가 다시 빠져나오며 태그를 주황색이나
노란색으로 바꾸는 경우도 있다. 예를 들어 다음과 같은
상황이다.

어느 날 힝둥새를 그리기 위해 빨간 태그가 달린
'힝둥새' 폴더로 들어갔다. 힝둥새는 뒷산에서도 종종
관찰되는 나그네새로 봄 섬에서는 귀찮을 정도로 흔하게
볼 수 있다. 풀밭을 끼고 등산로를 천천히 걷다 보면
"피핏~!" 하는 소리와 함께 풀밭에서 날아가 나뭇가지에

앉아서는 꼬리를 위아래로 까딱거린다. 가끔은 내가
걸어가는 방향으로 서너 걸음 앞서 내려앉았다가 거리가
좁혀지면 다시 서너 걸음 앞서 내려앉기를 반복하며 강제로
동반 산책을 시키기도 한다. 그렇게 가까이에서 자주 본
새인 만큼 당연히 좋은 자료가 많이 있을 거라 예상해 빨간
태그를 붙여 두었을 것이다. 그런데 폴더에 담긴 사진마다
막상 그림으로 그리자니 조금씩 문제가 있었다. 초록색
풀밭에 내려앉은 힝둥새들은 예쁘지만 풀이 몸을 반쯤
가리고 있어 쓰기 어렵다. 나뭇가지에 올라앉은 힝둥새들도
잎이나 가지에 가리지 않은 모습을 찾기가 쉽지 않다.
역광이라 특유의 깃털 색깔이 잘 드러나지 않았다거나,
몸의 자세는 좋은데 고개를 돌리고 있다거나 하는 아쉬운
사진이 대부분이었다.

　　결국 한 장 골라낸 것은 정확한 초점, 좋은 자세,
깨끗한 깃 상태, 멋스러운 나뭇가지 등 여러 조건이
훌륭한 사진이었다. 뒤늦게 뒷발가락에 있어야 할 발톱이
하나 빠져 있는 걸 발견했지만 심각한 문제는 아니었다.
다만 조류 도감들에 힝둥새의 중요한 특징으로 명시된
선명한 흰 눈썹과 귀깃이 잘 드러나지 않은 사진이라는
점이 고민스러웠다. 뒷발톱이야 확실히 빠진 것이니 다른

자료를 참고해 그려 넣거나 없는 채로 그려도 되지만,
이럴 때 희미한 흰 눈썹을 실제보다 선명하게 그려 넣어야
할까? 혹시 내가 모르는 아종(분류학상 종의 하위단계로
아직 다른 종으로 분화되지는 않았지만 종 내에서 특정한 형질을
띠는 것)이거나 새의 연령 또는 어떤 특징과 연관된 모습은
아닐까? 어쨌든 도감에 확실하게 언급된 종의 특징과는
다소 차이가 있는 사진을 가지고 굳이 힝둥새 그림을
그려야 할까? 고민이 이어졌다.

　만약 사진을 그대로 책에 싣는다면 아무도 이의를
제기하지 않을 것이다. 새에 대해 잘 아는 사람이라면
'힝둥새는 맞는 것 같은데 깃 상태가 좀 특이하네… 개체
내 차이인가?' 정도의 생각을 할진 몰라도 "힝둥새가
아닌 것 같은데요."라고 말하지는 못할 것이다. 그런데
그림으로 그린다면 어떨까? 아마도 꽤 많은 사람이 "어?
이거 잘못 그린 거 아닌가? 힝둥새는 흰색 눈썹과 귀깃이
특징인데." 혹은 더 나아가 "그리는 사람이 특징을 잘
모르고 그렸구먼." 하고 말할 가능성이 높다. 그럴 때 나는
이 사진을 굳이 꺼내 보여 주며 소명을 해야 할까? 분명한
것은 그렇게 말할 기회도 없을 거라는 사실이다. 지나친
기우가 아니냐고 물을지 모르지만 이미 비슷한 일을 겪은

적이 있다.

    결국 난 힝둥새 폴더를 빠져나와 빨간 태그를
주황색으로 고쳐 달았다.

    내가 그려야 하는 그림이 도감용 세밀화라면 그런
고민은 필요 없었을 것이다. 요즘은 사진 도감이 더
흔해졌지만 그 전에 사진 대신 일러스트를 사용하던 조류
도감에는 그 새의 종별, 연령별, 성별 등에 따른 보편적
특징을 정확하게 담은 그림을 그려 넣었다. 도감은 생물의
분류를 공부하고 현장에서 만난 생물종을 확인하려는
사람들에게 기준이 되는 식별 포인트를 알려 주는 책이기
때문이다. 하지만 내 경우, 새의 보편적인 특성에 더해
개별적인 특성까지 반영한 그림을 그리고 있다는 점에서
수시로 갈등에 부딪친다.

    새의 개별적인 특성이란 내가 그 새와 만났던 장소,
계절, 시간, 인상 등을 포함한 개념이다. 수많은 장소,
수많은 찰나의 시간 중에 하필 그날 그 장소에서 나와
마주침으로써 특별한 인상을 주었던 새의 모습. 힘든
여행에 지쳐 있거나, 맛있는 열매를 먹고 기분이 좋아
보이거나, 새끼를 키우느라 지쳐 있거나, 차가운 바람에

깃털을 잔뜩 부풀리고 있거나, 무리 가운데 있으면서
쓸쓸해 보이거나… 어쩌면 그 새를 바라보는 내 감정까지
투영된 모습 말이다.

호모 사피엔스 한 종에 속하는 나와 독자 여러분도
각자 살아온 환경과 가치관에 따라 서로 다른 특성을
지니듯, 새들도 제각각 개별적인 특성을 지니고 있다고
생각한다. 그런 마음과 시선으로 바라보면 어제 만난
박새와 오늘 만난 박새가 달라 보이고, 뒷산에서 만난
박새와 강화도에서 만난 박새가 다르다. 계절과 날씨에
따라, 그리고 만나는 시간과 장소에 따라서도 새들은
조금씩 다르게 보인다. 동네에서 자주 보는 새일지라도
어느 날은 한없이 연약해 보이다가 어느 날은 강인해
보이고, 대체로 선량해 보이다가 어떤 상황에서는 얄밉게
보이기도 한다.

농사를
짓듯
새를
그립니다

　컴퓨터 화면에 그려야 할 새 사진을 크게 띄워 놓고 한참을 빤히 쳐다본다. 잘 안다고 생각했던 새도 이렇게 커다랗게 확대해서 보면 새삼 낯설게 느껴진다.

　'부리가 이런 모양이었어?'

　'날개깃과 꼬리깃은 이래서 그렇게 보였구나.'

　인터넷에서 그 새의 깃털에 관한 자료를 찾아 하나하나 무늬를 살펴보고 나서야 깃들이 조합해 만들어 낸 사진 속 날개 무늬가 비로소 이해된다. 새들은 부리와 발을 제외하고는 몸 대부분이 깃털로 덮여 있다. 따라서 새를 그리는 것은 깃털을 그리는 일이라고 해도 크게 틀린 말이 아니며, 그만큼 깃털의 구조에 대한 이해가 중요하다. 새는 대략 수천 개의 깃털을 지닌다. 작은 새는 1000개부터 많게는 2, 3만 개의 깃털을 가진 새도 있다고 한다. 부위별 깃털의 크기, 모양, 무늬가 다른 데다 종, 계절, 연령, 털갈이 여부, 개체의 특수한 상황에 따라서도 변화가 많다.

사진을 통해 대상을 알아 가는 것은 대단히 효율적인 방법일 것 같지만 분명한 한계가 있다. 그럴 때면 인류 역사상 가장 유명한 조류 일러스트레이터, 존 오듀본John James Audubon(1785~1851년)을 떠올린다. 현재 미국에서 가장 많은 회원을 보유한 탐조 단체가 그의 이름을 따서 만들어졌을 정도로 조류학계에서 그의 위상은 높다. 그런 오듀본의 초상화라면 망원경을 든 그의 곁으로 새들이 날아다니는 평화로운 장면이 그려져 있을 것 같지만 초상화 속에서 그의 품에 안겨 있는 것은 망원경이 아니라 긴 장총이다. 아이러니하게도 오듀본은 새를 그리기 위해 어마어마하게 많은 새를 사냥했다. 직접 잡기도 했고 스스로 잡기 힘든 새는 사냥꾼에게 돈을 주고 사냥을 부탁했다고도 한다. 물론 지금처럼 좋은 카메라가 없던 시절임을 감안해야 하고 그의 새 그림이 사람들에게 끼친

궁정적인 영향을 생각하면 함부로 비난할 수는 없다.

오듀본 전기에 따르면, 잡은 새는 박제를 한 다음 깃털과 부리, 발등의 색이 변하기 전에 얼른 그렸다고 한다. 그 때문인지 그의 그림 속 새들은 동작이 약간 부자연스럽지만 발이나 깃털 등 세부 형태가 놀라울 정도로 정교하고 섬세하게 묘사되어 있다. 오늘날 디지털카메라 등 장비의 발달로, 새를 그리기 위해 직접 사냥하지는 않아도 된다는 사실이 얼마나 다행스러운지 모른다. 다만, 새를 그리다가 궁금한 점이 생길 때마다 실제로 그 몸을 세세하게 살피며 이해할 수 있었다는 점에서 오듀본이 부럽게 느껴질 때도 있다.

다양한 새를 가까이에서 보고 촬영할 수 있는 생물 연구기관들에서 정확한 사진 자료를 데이터베이스로 구축해 공유하면 좋겠다는 생각을 한다. 실제로 인터넷에서 새 관련 자료를 찾다 보면 외국의 대학 부설 연구기관이나 재단 등에서 전 세계 탐조인들과 관찰 데이터를 함께 모으고 공유하는 공간을 마련해 둔 것을 볼 수 있다. 개인이 수집한 새소리나 깃털 사진 등을 자유롭게 업로드하고, 공개된 자료를 학술자료 등에 활용할 수 있다. 이렇게 하면 새의 해부학적 구조에 관심이 있는 사람들이

새를 이해하는 데 도움을 받을 수 있고, 연구자들은 연구에
필요한 방대한 데이터를 모으는 데 시간과 노력을 덜 수
있다.

`

　이제 연필로 스케치를 시작한다. 사진을 보고 그리지만
그것만이 자료는 아니다. 그동안 내가 그 새를 만났던
많은 시간과 알고 있는 정보가 총동원된다. 그 종의 보편적
특성과 사진 속 새의 개별적 특성을 비교해 가며 왜 그렇게
보이는지 파악한다. 사진 속 새가 머무르는 시간과 공간에
대해서도 생각해 본다. 낭창거리는 얇은 가지라면 내려앉은
새도 불안해 보일 테고, 굵기가 적당하며 밖으로 너무
드러나지 않은 가지라면 새도 더 안심을 한 상태일 것이다.

　먼저, 길쭉한 타원형 몸과 거기서 이어진 작은 머리,
부리의 방향에 따라 달라지는 외곽선의 변화를 살핀다.
깃털 하나하나를 나누는 예리한 선과 이어졌다 떨어지는
복잡한 무늬들이 눈을 아프게 하고 머리를 복잡하게
하지만 실눈을 뜨고 일부러 초점을 흐트러뜨리며 자잘한

형태나 무늬에 현혹당하지 않으려 애쓴다. 자세한 묘사를
시작하기 전에 전체적인 균형을 맞추며 비례와 기울기,
그리고 인상을 잘 담아내는 게 중요하다.

　스케치는 서서히 그 새와 익숙해지는 시간이다.
사진에 담긴 새의 비례나 깃의 구조, 부리나 발 모양 등
기본적인 것을 체크하고 나면 실제로 그 새를 만났을 때의
느낌과 고유한 인상을 표현하는 데 많은 정성을 쏟는다.
새의 실제 크기, 행동에서 느꼈던 특성, 미세한 움직임 등
마주쳤을 때의 기억을 최대한 되살린다. 부리 모양, 깃털
무늬, 발의 비늘 하나하나를 정밀히 묘사했다고 해서 그
새를 잘 표현한 것은 아니라고 생각한다. 때론 그 새에
관해 알고 있는 정보가 지나치게 부각돼 사진 속 새에게서
받았던 특별한 인상, 그래서 이 그림을 꼭 그려야겠다고
마음먹었던 순간의 느낌을 해치기도 한다.

　내가 그리고 싶은 장면에 대한 스케치가 완성되면 최종
그림에 표현되어야 할 요소들을 설계도처럼 정확하게
표시한 뒤 채색할 종이에 그대로 옮겨 그린다. 여기까지
진행했다면 중요한 고비는 넘겼다고 해도 무방하다.
그다음은 이해한 만큼 표현하는 능력, 말하자면 그림
기법과 숙련도가 결과물을 좌우한다. 그것은 아마도 악기

하나를 익히는 과정과 비슷할 텐데, 어떤 악기를 다루는
방법과 코드를 짚고 악보 보는 법을 배웠다고 해서 바로
좋은 연주를 할 수 있는 것은 아니듯 그림도 수없이
반복되는 연습의 시간, 실패의 시간이 필요하다.

그림 한 장을 채색하는 데는 보통 일주일쯤 걸린다.
노안이 와서 침침해진 눈으로 그 새의 고유한 색상을
만들어 재현하고, 숨을 참아 가며 손 떨림을 최소화해 얇은
붓끝으로 채색하는 어려움이 적지는 않다. 그리는 종이에
코가 닿을 듯 고개를 숙이고 한참이나 붓질을 반복하다
보면 어김없이 뻐근해지는 목과 허리의 통증은 감내해야
하는 어려움 중 하나다. 잠시 몸을 일으켜 이리저리
각도를 틀어 그림을 바라보면서 내가 목표로 삼았던
구도가 맞는지 가늠해 본다. 앉아 있는 시간과 수명이
반비례한다는 말이 제발 근거가 없기를 바라며 다시 의자를
바싹 당겨 앉는 과정이 반복된다.

그렇게 면벽수행하듯 그림을 그리다 보면 그 새를
만나고, 자료를 수집하고, 부족한 부분을 보완하기 위해
인터넷을 헤매고, 전문가에게 조언을 구하던 지난한 과정이
머릿속에 떠오른다. 몸은 힘들어도 그동안 들인 시간과

노력이 시각적인 결과물로 실현되는 채색 과정은 확실한
보상이 있어서 오히려 즐겁게 감당할 수 있다.

　채색까지 다 했다고 생각되면 붓을 내려놓고 일정한
시간을 보낸다. 시간이 지나 다시 들여다보면 보완할
부분이 눈에 띈다. 채색하는 도중 놓친 것들에 대한
아쉬움, 무언가 더해졌을 때 나아지지 않고 지나쳐 망칠 것
같은 두려움 사이를 오가다 겨우 그림이 완성된다. 일단
완성하고 나면 한참 후에 무언가 더 그리고 싶은 부분이
생겨도 어지간하면 다시 붓을 대지 않는다. 너무 오랜 시간
두었다가 다시 그리면 호흡이 달라져서인지 붓질이나 색이
생경하게 도드라져 보였던 경험이 있기 때문이다. 모자란
대로 마침표를 찍었던 선택에 대한 책임도 온전히 내가
감당해야 할 부분이다.

　　　　　`

　그림 한 장을 완성하는 과정을 찬찬히 되짚고 나니
새 한 마리 그리는 데 이렇게까지 할 일인가 싶기도 하다.
일 년 동안 키운 농작물을 가을에 수확하는 농부의
마음이 이럴까? 내가 그림을 그리는 방식이 과하게

집착적이라거나 지나친 완벽주의라거나 하는 의견도
완전히 동의하진 않지만 그대로 존중하겠다. 재주가
부족해 어렵게 그리는 걸 괜히 이 핑계 저 핑계 댄다고
말하면 속상하겠지만, 대놓고 아니라고 반박하지는 못할
것 같다.

　가끔 인기 좋은 책에 그려진 일러스트를 보여 주며
이렇게 그려 볼 생각은 없냐는 제안을 받기도 한다. 나
역시 그런 스타일이 그리는 이의 수고와 시간도 덜고
독자들에게 더 친근하게 다가갈 수 있다는 것을 알지만
그러지 못하는 이유가 있다. 숲에 사는 새들은 맛있고
영양가 높은 열매로만 몰려들어 치열하게 경쟁하고
가장 힘센 새가 먹이를 독차지하지 않는다. 모두가 제
생긴 모습에 맞게 조금씩 다른 먹이를 각자의 방법으로
찾아 먹으며 조화롭게 어울려 살아간다. 그런 새들을
오래 바라보며 나도 내 생긴 대로 살아가는 방식에 그저
편안함을 느끼게 되었는지 모르겠다.

　혹시 이른 봄, 물을 댄 논에서 먹이를 찾는 저어새를
본 적이 있는가? 주걱 모양 부리를 물에 반쯤 넣고 쉴
새 없이 저으며 걸어 다니는데 미꾸라지 같은 먹이를
잡는 건 가뭄에 콩 나듯 한다. 그 옆에선 중대백로나

왜가리가 점잔을 빼고 기다리다가 저어새의 부리질에
놀라 달아나는 물고기를 냉큼 낚아챈다. 나 같으면 성질이
나서 중대백로나 왜가리를 쫓아낼 것 같은데 저어새는 별
신경 쓰지 않고 묵묵히 제 생긴 모양대로 먹이를 찾는다.
그 모습을 처음 보고는 '저러니 멸종위기종이 되지.' 하며
혀를 끌끌 찼었다. 어쩌면 지금 내가 새를 그리는 과정을
지켜보는 사람들의 심정이 그럴지도 모르겠다.

　　그런데 아는가? 무논처럼 탁한 물에서는 새들이
시각보다 부리의 촉각에 의지해 먹이를 찾는 것이 더 좋은
방법일 수 있다는 것을⋯. 나는 그저 내가 가장 잘할
수 있는 방법으로 내가 그리고 싶은 새를 그릴 뿐이다.
새를 그리는 사람 중에 나처럼 그리는 사람도 한 명쯤
있으면 좋지 않나, 하는 생각을 한다. 새들이 각자 타고난
생김새와 선택한 생존 방식대로 자연에 적응해 살아가면서
생물 다양성을 유지하는 것처럼, 내가 새를 관찰하고
그리는 이 어리석어 보이는 방식도 문화 다양성이라는
면에서 조금은 기여를 하는 게 아닐까 생각한다. 다만
한 가지 바라는 것이 있다면, 저어새가 지속해서 살아갈
수 있는 자연환경이 계속 유지되길 바라듯 내 그림이
사람들에게 보여질 다양한 문화적 토양도 함께 존재했으면

좋겠다는 것이다.

그림을 어루만지던 붓을 떼어 물통에 넣고 휘휘 씻어 낸다. 그러고는 물기를 털어 물감이 말라붙은 팔레트에 걸쳐 놓는다. 몇 걸음 뒤로 물러나 완성된 그림을 바라보며 그림 속의 새와 만났던 시간을 떠올린다.

나는 새를 그리는 사람이다.

1 2 3

진홍가슴을 그리는 과정

1 **2010년 4월 홍도**
진홍가슴을 처음 만났던 날을 아직도 잊지 못한다. 부리 아래 '멱'이라 부르는
곳에 어떤 보석보다 화려한 빨간색이 빛나고 있었다. 영명도 대놓고 'Siberian
Rubbythroat'. 처음 본 순간부터 저 빨강을 제대로 표현하기 위해 어떤 색 물감
을 선택해야 할지 고민에 빠졌다.

2 **2010년 4월 홍도**
새를 자세히 알기 위해 늘 가까운 거리에서 만나기를 바라지만 지나치면 모자람
만 못한 법. 당시 사용하던 600mm 렌즈의 초점거리 안으로 진홍가슴이 자꾸
걸어오는 바람에 너무 가까워 초점이 맞지 않았다. 자세는 좋았지만 사용할 수가
없어 안타까웠던 사진이다.

3 **2010년 4월 홍도**
꼬리나 발 부분이 너무 흐릿하지만 자세가 좋아 가장 유력했던 후보. 그 후에 자
료가 더 충분한 사진을 얻지 못했다면 아마도 이 사진을 바탕으로 자료를 더 보강
해 그렸을 것이다. 원래 진홍가슴은 조금 갈색빛을 띠는데 이 사진에선 유독 적갈
색 느낌이 강하다.

4 5 6

4   2015년 10월 뒷산 작업실
그 후로 봄 섬 탐조 때 가끔 만나기는 했지만 2010년 홍도에서보다 더 좋은 사진을 찍지 못했다. 그리고 2015년, 작업실에서 그림을 그리고 있는데 낯선 새소리가 들려 창가로 가 보았다. 물을 놓아 둔 곳에 진홍가슴이 나타났다. 봄에 만났던 진홍가슴과 가을에 만나는 진홍가슴은 뭔가 느낌이 달랐다.

5   2024년 4월 어청도
오랜만에 진홍가슴을 다시 만났다. 진홍가슴이 주는 느낌을 잘 전달할 수 있는 사진을 촬영하는 데 성공했다고 생각했다.

6   2024년 4월 어청도
비교적 자주 나타나고 거리도 가깝게 허락해서 다양한 모습을 촬영할 수 있었다. 놓치기 쉬운 발 부분도 자세히 촬영했다.

7　8

7　　2024년 4월 어청도
2010년 4월 홍도에서 촬영한 사진은 적갈색이 너무 강했다면 2015년 10월 뒷산에서 만난 진홍가슴은 조금 더 탁한 색감이었다. 그리고 2024년 4월 어청도에서 만난 진홍가슴은 조금 늦은 시각이어서인지 더 어둡고 진한 색감으로 보였다. 어청도에서 촬영한 진홍가슴 중 적당한 밝기에서 촬영된 사진을 깃털 색의 기준으로 삼기로 했다.

8　　5번 사진으로 그리려다가 우연히 같은 시간대에 촬영한 영상을 열어 보았다. 내 앞으로 종종걸음쳐서 돌 위에 폴짝 올라앉아 두리번거리던 모습이 더할 나위 없이 '진홍가슴스럽게' 느껴졌다. 급히 영상을 캡처해서 그 동작을 그리기로 했다. 영상 화질이 좋은 편이었지만 사진보다는 부족해 여러 사진들과 인터넷에서 찾은 자료를 함께 참고했다.

9 10

9   진홍가슴은 그려 본 적이 많지 않아서 형태와 색감을 익히기 위해 다른 사진을 보
     며 가볍게 스케치한 후 채색 연습을 했다.

10   진홍가슴 특유의 독특한 인상과 부리 등 세부적인 형태를 그려 보며 눈과 손에 익
     혔다.

11   영상을 캡처해서 스케치할 때 진홍가슴이 올라앉은 돌의 형태가 마음에 들지 않
     았다. 함께 촬영한 다른 사진을 뒤적여 보아도 마음에 드는 돌을 찾을 수 없어 잠
     시 작업이 중단되었다. 그동안 촬영한 다른 사진들까지 모두 뒤지다가 2010년
     4월 홍도에서 진홍가슴이 앉아 있던 돌 옆의 돌을 찾아냈다. 크기만 조금 조절해
     그려 넣기로 했다. 위의 그림은 영상을 캡처한 사진에 돌만 대체해 기본 스케치를
     완성한 것이다.

12   스케치북에 1차 스케치를 마치면 사진으로 찍어 실제로 그릴 종이 크기에 맞춰 출
     력한 다음 먹지에 대고 전사한다. 이를 좀 더 다듬어서 2차 스케치를 마무리한다.
     위의 그림은 완성된 스케치에 빛의 방향과 입체감을 생각하며 기본 채색을 한 것이
     다. 채색을 시작한 후, 무거운 돌을 좀 더 기울어지게 그렸다면 돌의 무거운 느
     낌과 불안정한 돌 위에 올라앉은 진홍가슴의 가벼움을 더 도드라지게 표현할 수
     있었을 텐데 하는 아쉬움이 남았다.

13   스케치할 때 돌의 그림자를 그리려던 계획은 수정하기로 했다. 채색을 하고 보니
     그림자 없이 돌만 그리는 게 낫겠다는 생각이 들었다.

14   최종 완성본

14

What's in my bag

탐조가 일상이 된 지 오래여서 가방 속 물건에 얽힌 이야기가 많다. 내가 사용하고 있는 장비와 선택 이유, 소소하지만 현장에서 유용한 팁을 함께 적었다.

탐조할 때 지니는 물건들

카메라와 망원렌즈 : 카메라는 항상 망원렌즈를 끼운 채로 가지고 다닌다(니콘 z9 렌즈와 니콘 500mm pf 5.6). 무게, 가격, 성능을 두고 저울질한 끝에 타협한 조합이다. 아무리 좋은 장비를 갖춰도 새들이 도와주지 않으면 말짱 도루묵이다.

외장 마이크 : 영상을 촬영할 때 바람 소리 등 주변 소음을 줄이고 새소리를 더 선명하게 담기 위해 지향성 외장 마이크(젠하이저 mke200)를 가지고 다닌다. 성능이 더 좋은 장비도 있겠지만 카메라와 망원렌즈에 부착해 사용하려니 무게와 부피를 고려하지 않을 수 없었다.

쌍안경 : 구입한 지 11년쯤 된 제품(스와로브스키 스와로비전 10×34).

1년 전에 렌즈를 덮는 고무 외피가 삭아 떨어져서 오스트리아 본사로 AS를 보냈는데 한 달 만에 새것이 되어 돌아왔다. 좋은 물건을 오래 사용하다 아이에게 물려주고 싶다는 생각을 한 적이 있는데 이 쌍안경이라면 그럴 수 있지 않을까 싶다.

카메라 청소도구 : '슉슉이'라는 애칭으로 불리는 블로워와 렌즈 청소 키트. 렌즈에 묻은 먼지들을 털어낼 때 쓴다.

수첩과 펜 : 처음 새들을 관찰하고 기록할 때는 수첩에 적었다. 그러나 이사하면서 몇 번 수첩을 잃어버리고는 온라인에 기록하는 게 안전하겠다 싶어 스마트폰에 있는 메모 기능을 주로 활용한다. 사진과 함께 기록할 수 있고 음성 메모도 되니 관찰과 동시에 빠르게 생각을 남길 수 있다. 그런데 온라인 기록도 필요할 때는 찾을 수 없는 경우가 더러 있어서 아주 중요한 내용은 수첩에도 함께 적어 둔다.

챙이 넓은 모자 : 탐조에 필수. 한 장소에 오랜 시간 머무는 경우가 많다 보니 내리쬐는 햇빛을 가려야 한다. 또 숲속을 다닐 때 머리 위로 떨어지는 다양한 벌레나 새똥을 막는 용도로도 유용하다. 챙은 넓을수록 좋지만 너무 뻣뻣하면 촬영에 방해가 된다. 모자가 잘 어울리는 사람들을 보면 부럽다.

장갑 : 겨울에 가장 추위를 타는 곳은 심장에서 먼 발끝, 손끝이다.

쌍안경과 카메라를 계속 사용해야 하기 때문에 주
머니에 손을 넣고 있을 수가 없어 장갑은 필수품
이다. 내 경우 여름에도 장갑은 필수인데 손에 땀이
많은 편이라 맨손으로 카메라나 쌍안경을 잡고 사용하면 땀의 염
분 때문에 고무가 빨리 상하기 때문이다. 여름에는 손가락 없는 반
장갑을 사용한다.

텀블러 : 기본적으로 무게가 나가 늘 망설이게 된다. 가벼
운 플라스틱 물통을 대신 쓰기도 하지만 무더운 여름이나
한겨울엔 보냉·보온이 되는 텀블러가 좋다.

선크림 : 새를 보는 위치가 그늘진 선선한 자리라면 더할 나위 없이
좋겠지만 여름 땡볕에 한두 시간씩 꼼짝없이 서 있어야 하는 경우
도 있다. 강한 여름볕에 화상을 입는 것도 문제지만, 여름에도 손가
락장갑을 끼는 나로선 손가락 한 마디씩만 검게 변한 우스꽝스러운
모습을 만들지 않기 위해서라도 선크림이 필요하다.

바르는 모기약 : 여름 필수품. 모기 기피제를 가지고 다닌 적도 있지
만 등산로 초입에서 몸에 뿌리고 탐조를 시작하다 보면 땀이 나서
인지 별 효과가 없었다. 차라리 물린 다음 간지러움만 최소화할 수
있도록 바르는 모기약을 가지고 다닌다.

비닐 지퍼백 : 새를 관찰하며 깃털이나 열매를
수집하는 용도로 가지고 다닌다. 특히 깃털은 쉽
게 꺾이고 망가지기 때문에 지퍼백 안에 넣고 바람
을 불어넣어 부풀린 다음 지퍼를 꽉 닫아 놓으면 안에서 상하지 않

아 좋다. 펜으로 날짜와 장소를 적은 다음 작업실에 가져와서 물에 씻고 잘 말려 정리한다.

비닐 물통 : 가뭄이 심한 시기에 가지고 다니다가 물이 나오는 곳이 있으면 받아서 고일 만한 곳에 부어 준다. (새들을 위해)

멀티툴 : 오래전 새를 보러 섬에 갔다가 그물에 걸린 붉은배새매를 풀어 준 적이 있다. 빠져 나오려 발버둥을 쳐서 깃털에 엉킨 그물을 풀어 내는 게 영 쉽지 않았다. 탐조를 하다 보면 가끔 부리나 발에 낚싯줄이 엉킨 새를 만나기도 한다. 그럴 때 칼보다는 가위가 나은 것 같아 작은 멀티툴을 구입해서 가방에 넣고 다닌다.

새를 그려 보세요

'어떤 음악을 좋아하세요?' 누구나 익숙하게 들어 봤을 질문입니다. 낯선 관계에서 어색함을 풀어 주는 질문으로 좋지요. '어떤 그림을 좋아하세요?' 단어 하나만 바꿨을 뿐인데 느낌이 사뭇 다릅니다. 잘 통하던 사이에서도 갑자기 말문이 막힌다고들 해요.

질문을 좀 바꿔 볼까요? '어떤 가수를 좋아하세요?' 역시나 답변이 그다지 어렵지 않습니다. 자신이 별로 좋아하지 않는 가수를 말한다면 나랑은 취향이 좀 다르구나, 생각하게 될 테고 혹시나 같은 가수를 좋아하고 있다면 금세 친해질 수 있겠어요. 그럼 '어떤 화가를 좋아하세요?'는 어떨까요. 갑자기 식은땀이 흐르고 뭔가 어려운 문제를 받아 든 수험생이 된 것 같은가요?

왜 그럴까요? 음악과 미술 둘 다 우리 삶을 풍요롭고 행복하게 만들어 주는 예술 장르인데 일상에서 자주 듣고

감상하는 음악과 달리 미술은 직업인이 아니라면 동떨어져 살게 되니 말입니다. 하지만 찬찬히 살펴보면 미술 분야도 우리 삶에 깊숙히 스며들어 있습니다. 가게에서 새 옷을 살 때도 집에 있는 다른 옷들과의 색이나 스타일 조합을 생각해서 고르고, 집에 소파를 들이거나 커튼을 바꿀 때도 실내 분위기와의 조화를 생각하지요. 작은 찻잔과 티스푼 하나를 고를 때도 여러 가지 미적 요소를 고려해 훨씬 더 많은 돈을 지불하기도 합니다.

이렇게 일상에서 다양한 미술 활동을 하면서도 자기는 미술과 담을 쌓고 지낸다고 생각하는 사람이 많은 건 왜 그럴까요? 제 생각에는 어릴 적, 특히 초등학교 미술 시간에 지나치게 대상을 똑같이 모사하는 능력만을 기준으로 평가받았던 기억 때문인 것 같습니다. 음악처럼 미술도 다양한 표현 방식이 존재하며 즐기는 이의 취향대로 선택하면 된다고 배웠다면 어른이 되어서도 누구나 미술을 쉽게 즐겼을 거예요.

가끔 새를 그리는 것에 대해 알려 달라는 요청을 받습니다. 대부분은 새를 잘 그리는 기법을 가르쳐 주길 원하지만 제가 가장 알려 드리고 싶은 건 두려움을 떨쳐

내고 그리는 대상과 자기 자신에게 집중하는 그리기
시간이에요. 그림은 다른 누군가와 비교해 가며 더
우월함을 뽐내는 기술이 아니라 끝없이 자신에게 집중하며
자기를 알아 가는 과정이기 때문입니다. 새를 그리는 것도
마찬가지예요. 우선은 그릴 대상(새)을 잘 알고 이해한 다음
내가 그 새를 어떻게 바라보는지, 어떻게 표현할 때 가장
행복한지를 찾아 가는 시간이어야 합니다.

　　앞에서 새를 그리는 어려움에 대해 잔뜩 늘어놓고는
이제 와 딴소리라고 뭐라 할지도 모르겠네요. 네,
변명하자면 저는 직업인이라 그렇습니다. 음악도
마찬가지겠지만 그림이 취미나 놀이가 아니라 직업이 되는
순간 많은 것이 달라집니다. 그러나 저의 그림 방식도 오랜
시간 나를 찬찬히 들여다보고 찾은 결과일 뿐, 그것이
정답이라고는 생각하지 않습니다. 새들이 각자 부리 모양에
어울리는 먹이를 찾아 맛있게 먹듯, 각자에게 맞는 그림
방식을 찾아 즐겁게 그리기를 시작해 보세요.

　　자, 이제 종이와 연필 같은 적당한 재료를 찾아 손에
들고 각자에게 맞는 그림 방식이 무얼까 찾아 볼까요?
연필을 쥔 손을 마치 새의 부리 모양이라 생각하고 다양한
선을 그려 보면서 말이죠.

자연으로　02
향하는　　새를
　　　　　그리는
삶　　　　사람

초판 1쇄 발행 2025년 03월 01일

지은이　　이우만
펴낸이　　박희선

발행처　　도서출판 가지
등록번호　제25100-2013-000094호
주소　　　서울 서대문구 거북골로 154, 103-1001
전화　　　070-8959-1513
팩스　　　070-4332-1513
전자우편　kindsbook@naver.com
블로그　　www.kindsbook.blog.me
페이스북　www.facebook.com/kindsbook
인스타그램 www.instagram.com/kindsbook

ISBN　　　 979-11-93810-06-4 (03400)